Jean-Claude TCHASSE

LES MATHS DE LA PHYSIQUE

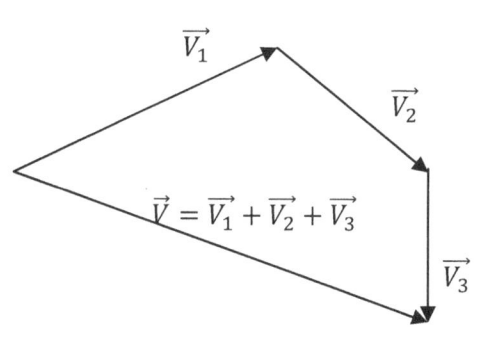

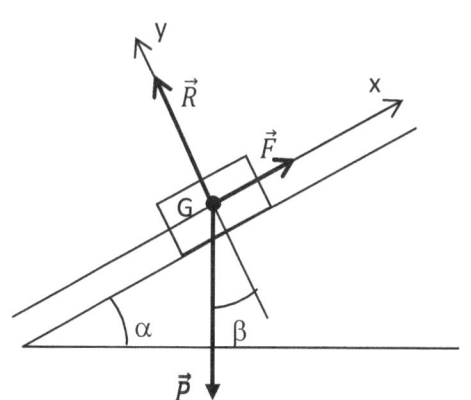

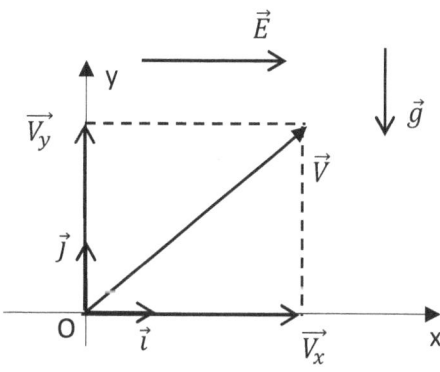

Du même auteur :
MANUEL DE PHYSIQUE TLE CDE AFRIQUE. PARIS, HARMATTAN, 200

LES SECRETS DE LA REUSSITE SCOLAIRE : conseils aux parents et aux élèves pour un parcours scolaire couronné de succès. Bafoussam, août 2013
ASIN : B01G3R9QIA

ETRE CHRETIEN AUJOURD'HUI. Comment vivre sa chrétienté dans un monde troublé ? Bafoussam, mai 2016

EXERCICES CORRIGES DE PHYSIQUE : A L'USAGE DES CLASSES DE TERMINALES SCIENTIFIQUES. Bafoussam, juin 2016
ASIN : B01IBYX3R8

MANUEL DE CHIMIE Pour les classes de Terminales scientifiques. Bafoussam, juillet 2016
ASIN : B01IPDWIPS

© Toute représentation, traduction, adaptation ou reproduction, même partielle, par tous procédés, en tout pays, faite sans autorisation préalable est illicite et exposerait le contrevenant à des poursuites judiciaires.

Avant propos

Cet ouvrage part d'un constat : beaucoup d'élèves ont des problèmes en physique et en chimie à cause de leurs lacunes en mathématiques. Et en physique on utilise beaucoup les maths. Donc pour réussir dans cette discipline, il faut avoir une bonne base, ou mieux de solides connaissances en maths. C'est pour cela que l'on associe d'ailleurs les deux disciplines dans certaines séries scientifiques. Et d'autre part, la densité des cours de physique ou de chimie ne permet pas au Professeur de s'appesantir sur ces notions pourtant indispensables, sans compromettre sa progression.

Je me propose donc de faire un tour d'horizon des connaissances mathématiques indispensables pour réussir en physique ; par là j'entends : bien suivre et bien assimiler le cours, bien traiter ensuite les exercices, et enfin être à l'aise face à l'épreuve de physique pendant les examens et concours. Voilà les objectifs de ce modeste ouvrage.

Il comporte deux parties : la première et la plus importante, où sont évoquées les notions de mathématique et les compétences indispensables, et la deuxième partie constituée de conseils sur la manière d'aborder les épreuves en général, et celles de physique et chimie en particulier, à l'examen. L'objectif final étant de sortir souriant de la salle après avoir remis sa copie, en physique et en Chimie surtout.

Il est destiné aux élèves du second cycle de l'enseignement général, technique et professionnel. Les enseignants pourront s'y référer lors de la préparation de leurs leçons.

Comment utiliser cet ouvrage ? C'est bien de le consulter en début d'année déjà pour voir les notions qui seront évoquées pendant les cours. Si le cours ou un exercice semble difficile, le consulter également. Ceci n'est pas un cours de maths pour débutants ; c'est un rappel de notions essentielles pour aborder la leçon de physique. Aussi certaines notions pourront être évoquées avant d'être définies. En cas de nécessité, voir les livres de maths pour plus de précisions.

Il se peut que certaines notions toutes aussi importantes que celles déjà évoquées m'aient échappé ; cet ouvrage sera progressivement mis à jour.

Bafoussam, juin 2016.

I - ALGEBRE

Grandeur algébrique, grandeur arithmétique.

Une grandeur est dite algébrique quand elle peut être positive ou négative ; elle est dite arithmétique quand elle est toujours positive. L'intensité du courant, la tension aux bornes d'un dipôle sont des exemples de grandeurs algébriques : lorsqu'on trouve une intensité négative en appliquant la loi des nœuds, c'est que le sens arbitraire assigné au courant était contraire au sens réel.

Les puissances

$\underbrace{a \times a \times a \ldots\ldots\ldots a}_{n\ fois} = a^n$. $a^0 = 1$. $a^m \times a^n = a^{m+n}$; $(a^m)^n = a^{m \times n}$; $\dfrac{a^m}{a^n} = a^{m-n}$;

$(a \times b)^m = a^m \times b^m$; $a^{-n} = \dfrac{1}{a^n}$; $a^{\frac{m}{n}} = \sqrt[n]{a^m}$.

Les polynômes

Un polynôme est une somme algébrique de monômes. Un monôme est une expression de la forme ax^n où a est le coefficient, x la variable, et n un entier naturel qui représente le degré du polynôme quand il est le plus élevé. Par exemple $y = 3x^4 + 2x^2 - 5x + 1$ est un polynôme de degré 4.

En physique la variable la plus courante est le temps. Par exemple les coordonnées d'un mobile dans un repère orthonormé varient en fonction du temps ; ce sont donc des fonctions du temps ; on les exprime donc par des polynômes dont la variable est le temps.

La factorisation ;
factoriser un polynôme, c'est l'exprimer sous la forme d'un produit de polynôme de degré inférieur. $4x^2 - 8xy = 4x(x - 2y)$

Identités remarquables $xa + xb = x(a + b)$; $a^2 + 2ab + b^2 = (a + b)^2$;
$a^2 - 2ab + b^2 = (a - b)^2$; $a^2 - b^2 = (a - b)(a + b)$

Les équations.

Une équation est une égalité entre deux polynômes, et on cherche à savoir si cette égalité est vérifiée pour certaines de la variable appelée inconnue. Une équation peut comporter une ou plusieurs inconnues. Le degré de l'équation est celui du polynôme le plus élevé qui intervient dans cette équation.

Equation du premier degré.

Une $ax + b = 0$ et sa solution est $x = -\dfrac{b}{a}$

Systèmes d'équations

L'idéal est d'avoir autant d'équations qu'il y a d'inconnues à trouver. On parle alors de système d'équations. Un système d'équation de deux équations à deux inconnues se présente comme suit : $\begin{cases} ax + by + c = 0 \\ a'x + b'y + c' = 0 \end{cases}$

Les méthodes de résolution de systèmes d'équation sont : la substitution, la combinaison linéaire, la méthode graphique (coordonnées du point d'intersection des droites représentant les équations), par le déterminant.

Equation du second degré

Elle se présente sous la forme $ax^2 + bx + c = 0$ le discriminant s'écrit $\Delta = b^2 - 4ac$. Et quand $\Delta \geq 0$, les solutions s'écrivent $x_1 = \dfrac{-b + \sqrt{b^2 - 4ac}}{2a}$ et $x_2 = \dfrac{-b - \sqrt{b^2 - 4ac}}{2a}$.

Equations différentielles

Une **équation différentielle** est une égalité entre une fonction dérivable et au moins l'une de ses dérivés. Elle est dite du premier ordre quand la fonction intervient avec comme seule dérivé, sa dérivée première, et du second ordre quand la relation implique la dérivé seconde.

Ces équations sont utiles en cinématique, en dynamique et dans les oscillateurs mécaniques et électriques. En dynamique, la résolution de ces équations, obtenues en appliquant la deuxième loi de Newton, permet de trouver les équations paramétriques du mobile (corps en mouvement dans les champs), qui sont les coordonnées du mobile.

Ces coordonnées sont des fonctions de la variable t, et on peut ainsi déterminer la trajectoire des mobiles. Avec les oscillateurs ces équations, obtenues comme en dynamique à partir de l'application de la deuxième loi de Newton sont les équations différentielles du second ordre sans second membre, quand on néglige les résistances ou les frottements. Leur résolution permet de trouver l'élongation ou l'abscisse du mobile, qui est donc une fonction sinusoïdale du temps.

II - ANALYSE

Les fonctions.

Une **fonction** est une relation entre un ensemble A et un ensemble B qui à tout élément de A fait correspondre au plus un élément de B. Les fonctions sont très utilisées en physique. Il est important de bien savoir les étudier : domaine de définition, limites, dérivés, tableau de variation, traçage de la courbe représentant la fonction.

Par exemple en cinématique, les coordonnées du vecteur position sont des fonctions de la variable t. La vitesse est la dérivé du vecteur position. Donc pour trouver les coordonnées du vecteur vitesse, il faut dériver les coordonnées du vecteur position. Pareil pour trouver les coordonnées du vecteur accélération ; il faut dériver celles du vecteur vitesse.

Dans les exercices où l'on parle de maximum ou de minimum, il faut se rappeler que les extrema des fonctions correspondent au point où la dérivée s'annule. Ainsi par exemple, à son altitude (ordonnée) maximale, la composante verticale du vecteur vitesse, qui est la dérivée de l'ordonnée est nulle.

Dérivés du premier et du second ordre.

En maths la dérivée première de la fonction y= f(x) par rapport à la variable x se note $\frac{dy}{dx}$ et la dérivé seconde $\frac{d}{dx}\left(\frac{dy}{dx}\right)=\frac{d^2y}{dx^2}$. Si la fonction est x et la variable t on écrit x=f(t) et la dérivée première se note $\frac{dx}{dt}$ et la dérivé seconde, $\frac{d}{dt}\left(\frac{dx}{dt}\right)=\frac{d^2x}{dt^2}$.

Si le vecteur position est $\overrightarrow{OM} = x\vec{i} + y\vec{j} + z\vec{k}$, le vecteur vitesse est la **dérivée par rapport au temps** du vecteur position. En coordonnées cartésiennes, on a $\vec{v} = \frac{d\overrightarrow{OM}}{dt} = \frac{dx}{dt}\vec{i} + \frac{dy}{dt}\vec{j} + \frac{dz}{dt}\vec{k} = \dot{x}\vec{i} + \dot{y}\vec{j} + \dot{z}\vec{k}$; on pose, pour simplifier l'écriture, $\frac{dx}{dt} = \dot{x}$; $\frac{dy}{dt} = \dot{y}$; $\frac{dz}{dt} = \dot{z}$. Le vecteur accélération est la **dérivée par rapport au temps du vecteur vitesse**, et comme le vecteur vitesse est la dérivée du vecteur position, on peut écrire : $\vec{a} = \frac{d\vec{v}}{dt} = \frac{d^2\overrightarrow{OM}}{dt^2}$. La vitesse est la dérivée première et l'accélération est la dérivée seconde.

En coordonnées cartésiennes, cela s'écrit $\vec{a} = \frac{d^2x}{dt^2}\vec{i} + \frac{d^2y}{dt^2}\vec{j} + \frac{d^2z}{dt^2}\vec{k} = \ddot{x}\vec{i} + \ddot{y}\vec{j} + \ddot{z}\vec{k}$

$a_x = \frac{d^2x}{dt^2} = \ddot{x}$; $a_y = \frac{d^2y}{dt^2} = \ddot{y}$; $a_z = \frac{d^2z}{dt^2} = \ddot{z}$

Dans les exercices avec la machine d'Atwood et ses différentes variantes (poulies à deux gorges par exemple) l'accélération peut aussi s'obtenir par dérivation de l'expression de contenant le carré de la vitesse.

Machine d'Atwood

donc on dérive $v^2(M+m) = 2gh(M-m)$; soit $\dfrac{d}{dt}\left[v^2(M+m) = 2gh(M-m)\right]$ ce qui donne

soit $2v\dfrac{dv}{dt}(M+m) = 2g\dfrac{dh}{dt}(M-m)$, or $\dfrac{dv}{dt} = a$, et $\dfrac{dh}{dt} = v$

donc $2va(M+m) = 2gv(M-m)$, on obtient $\boxed{a = \dfrac{M-m}{M+m}g}$ en éliminant v qui apparaît dans les deux membres. ***Attention ! Le signe entre les masses, au dénominateur de l'expression de a est toujours positif. Si vous avez un signe négatif à cet endroit-là, vous avez fait une erreur.***

Intégration.

L'opération inverse de la dérivation est l'intégration ; elle consiste donc à retrouver une fonction connaissant sa dérivé. C'est ce qui se passe en cinématique lorsque, connaissant l'accélération, on trouve la vitesse et une fois la vitesse trouvée, on détermine le vecteur position. Si la vitesse d'un mobile est constante, sa position est une fonction du premier degré du temps, et on dit que le mobile est animé d'un mouvement uniforme rectiligne si la trajectoire est une droite, curviligne si la trajectoire est une courbe. A une dérivée donnée peuvent correspondre plusieurs fonctions. Ce sont les conditions initiales qui permettent de trouver la fonction recherchée. Cela s'applique lorsqu'il faut trouver la trajectoire d'un projectile (obus dans le champ de pesanteur, particule chargée dans un champ électrique).

NB. Il peut arriver que parfois l'on étudie une notion mathématique au cours de physique avant de l'étudier en mathématique ; c'est le cas de l'intégration par exemple. On fait le cours de cinématique et peut-être celui de dynamique en physique avant le cours sur les primitives des fonctions, mais ne n'est pas bien compliqué ; il suffit de prendre le tableau qui donne les dérivés usuelles des fonctions et de le lire à l'envers, c'est-à-dire de la gauche vers la droite et non de la droite vers la gauche.

	Fonction	Dérivé première	Dérivé seconde
1.	$x(t) = $ cste*	0	0
2.	$x(t) = t^n$	$\dfrac{dx}{dt} = nt^{n-1}$	$\dfrac{d^2x}{dt^2} = (n-1)nt^{n-2}$
3.	$Y = Ax(t)$	$\dfrac{dY}{dt} = A\dfrac{dx}{dt}$	$\dfrac{d^2Y}{dt^2} = A^2\dfrac{d^2x}{dt^2}$
4.	$x(t) = at + b$	$\dfrac{dx}{dt} = a$	$\dfrac{d^2x}{dt^2} = 0$
5.	$x(t) = at^2 + bt + c$	$\dfrac{dx}{dt} = at + b$	$\dfrac{d^2x}{dt^2} = a$
6.	$x(t) = \sin t$	$\dfrac{dx}{dt} = \cos t$	$\dfrac{d^2x}{dt^2} = -\sin t$
7.	$x(t) = \cos t$	$\dfrac{dx}{dt} = -\sin t$	$\dfrac{d^2x}{dt^2} = -\cos t$
8.	$x(t) = a\sin(\omega t + b)$	$\dfrac{dx}{dt} = a\omega \cos(\omega t + b)$	$\dfrac{d^2x}{dt^2} = -\omega^2 \underbrace{a\sin(\omega t+b)}_{x} = -\omega^2 x$
9.	$x(t) = a\cos(\omega t + b)$	$\dfrac{dx}{dt} = -a\omega \sin(\omega t + b)$	$\dfrac{d^2x}{dt^2} = -\omega^2 \underbrace{a\cos(\omega t+b)}_{x} = -\omega^2 x$

*cste = constante. C'est un nombre réel.

Sachant que l'accélération est la dérivé seconde de la position, on partira de la colonne dérivé seconde pour revenir vers la colonne fonction quand on voudra trouver la position connaissant déjà l'accélération. De la même manière, pour trouver la vitesse connaissant l'accélération, on partira de la colonne dérivée seconde vers la dérivée première.

Interprétation et exploitation d'une courbe.

La physique étant une science expérimentale ; l'on est souvent amené à interpréter une courbe obtenue en exploitant les résultats d'une expérience. Noter que le mot courbe ne désigne pas forcément une ligne courbée : cela peut être une bonne droite. On peut faire varier l'intensité du courant qui passe par un dipôle, et mesurer la tension correspondant à chaque valeur de l'intensité du courant ; on peut mesurer les valeurs de la vitesse à des intervalles de temps donnés.

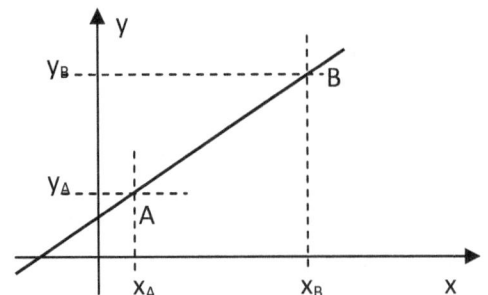

La valeur cherchée peut être la pente de la courbe obtenue.

calcul de la pente d'une droite (résistance, etc ;),

si la courbe de droite a été obtenue après une expérience, la pente vaut $a = \dfrac{y_B - y_A}{x_B - x_A}$.

N.B. la pente est aussi la tangente de l'angle formé par la droite et l'axe des abscisses. Lorsque A et B son suffisamment rapprochés, la pente est la dérivé de la fonction représentée par la courbe.

Les paraboles.

Ce sont les courbes en forme de cloche décrites par exemple par les projectiles dans le champ de pesanteur. Ce sont les courbes d'équation $y = ax^2 + bx + c$. La hauteur maximale atteinte par le projectile est

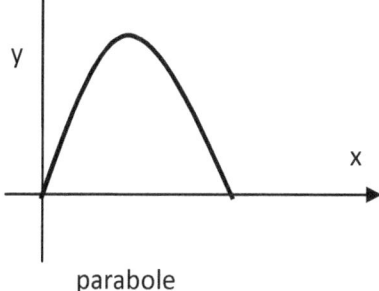

parabole

le point où la composante verticale du vecteur vitesse s'annule. Le point de contact avec le sol est la portée du projectile.

Les sinusoïdes.

Ce sont des courbes qui vont revenir fréquemment lors de l'étude des ondes, des systèmes oscillants, des oscillateurs mécaniques et électriques. Ce sont les courbes représentant les fonctions sinus ou cosinus. Cette courbe présente une période puisqu'on peut dégager

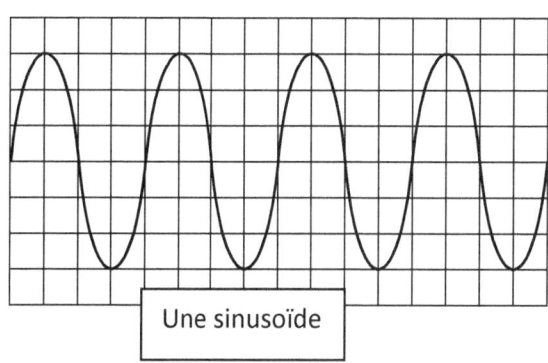

Une sinusoïde

un motif qui se répète identique à lui-même à intervalle régulier. Elle est utilisée pour représenter des grandeurs périodiques alternatives et sinusoïdales, comme les tensions, les intensités, les élongations des centres de gravité des oscillateurs mécaniques, les vitesses et les accélérations de ces accélérateurs. Qui dit période, dit fréquence. La fréquence est l'inverse de la période.

III. TRIGONOMETRIE.

En trigonométrie, on étudie les relations entre les angles et les cotés d'un triangle. La trigonométrie et les fonctions trigonométriques sont utiles par exemple en mécanique (statique et dynamique), pour trouver la relation entre les forces qui s'appliquent à un solide, lorsqu'on étudie les ondes, les systèmes oscillants, les oscillateurs mécaniques et électriques. Il est donc important de bien maîtriser les sinus, les cosinus et les tangentes.

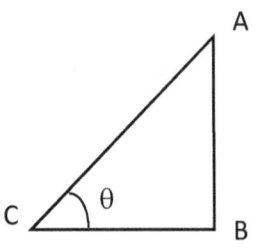

$$\cos\theta = \frac{BC}{AC} ; \sin\theta = \frac{AB}{AC} ; \tan\theta = \frac{\sin\theta}{\cos\theta} = \frac{AB}{BC}.$$

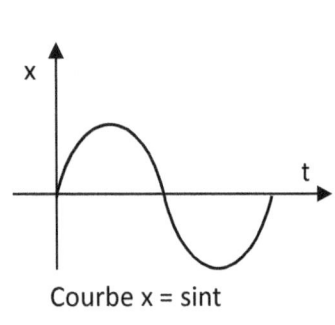

Courbe x = sint

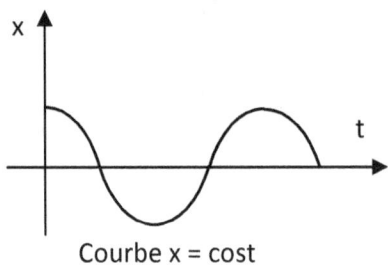

Courbe x = cost

Bien remarquer que la courbe sinus commence à l'origine des axes.

$-1 \leq \cos\theta \leq 1$ et $-1 \leq \sin\theta \leq 1$

La relation fondamentale de la trigonométrie $\cos^2\theta + \sin^2\theta = 1$ intervient régulièrement en physique,

cos (a + b) = cosacosb − sinasinb ; cos (a − b) = cosacosb + sinasinb ; sin (a + b) = sin acosb + sinb cosa ; sin (a − b) = sinacosb − sinbcosa

$$cosp + cosq = 2cos\left(\frac{p+q}{2}\right).cos\left(\frac{p-q}{2}\right) ; cosp - cosq = -2sin\left(\frac{p+q}{2}\right).sin\left(\frac{p-q}{2}\right)$$

$$sinp + sinq = 2sin\left(\frac{p+q}{2}\right).cos\left(\frac{p-q}{2}\right) ; sinp - sinq = 2cos\left(\frac{p+q}{2}\right).sin\left(\frac{p-q}{2}\right)$$

IV. GEOMETRIE

Les droites.

Les droites sont très utilisées en physique : ce sont les axes dans les repères, elles permettent de définir la direction des vecteurs, elles peuvent être parallèles, perpendiculaires, former des angles, etc.

Une droite est une ligne continue dans un direction fixée, formée par une succession infinie de points alignés sans interruption, et sans début, ni fin.

Droites parallèles. Deux droites sont dites parallèles si elles ne se touchent jamais.

Droites perpendiculaires. Deux droites sont dites perpendiculaires quand elles se coupent en faisant un angle de 90°

Droite horizontale. La direction horizontale est matérialisée par la surface de l'eau au repos. Par exemple, le plan formé par la surface d'un lac calme et au repos est horizontal.

Droite verticale. La direction verticale est la direction perpendiculaire à la direction horizontale. Le Poids est un vecteur qui est toujours vertical et orienté du haut vers le bas.

Droite oblique. Quand une droite n'est ni verticale, ni horizontale, elle est oblique.

La médiatrice d'un segment. La médiatrice d'un segment de droite est la droite qui le coupe perpendiculairement en passant pas son milieu.

Un segment de droite est une portion de droite de longueur définie.

Les droites affines : les droites d'équation y = ax+b , la première bissectrice est la droite d'équation y = x et cette droite fait 45° avec les deux axes.

Les vecteurs.

De nombreuses grandeurs étudiées en physique sont des vecteurs : vecteur position, vitesse et accélération d'un mobile, les forces, les champs électrique et magnétiques. Les vecteurs facilitent également l'étude des phénomènes vibratoires tels que la lumière et les oscillations électriques et mécaniques.

Un vecteur est un objet mathématique caractérisé par son point d'application, sa direction, son sens et puis son intensité, encore appelée norme. Le vecteur $\overrightarrow{AB}$ de la figure a comme point d'application le point A. Sa direction est la droite (AB) ; on peut aussi préciser sa direction en donnant la mesure de l'angle que fait la droite (AB) avec l'horizontale ; son sens va de A vers B. pour son intensité, on choisira une échelle. Pour une force d'intensité F = 500 N, on prendra par exemple 1 cm pour 100 N.

N.B. la norme d'un vecteur est toujours positive.

Deux vecteurs sont dits **colinéaires** quand ils ont la même direction (les droites d'actions sont parallèles quand elles sont différentes), et le même sens.

Notation : En maths, vecteur $\overrightarrow{AB}$; norme ou intensité $\|\overrightarrow{AB}\|$. En physique par contre, on utilise une seule lettre. On dira par exemple, la force $\vec{F}$, le poids $\vec{P}$, le champ électrique $\vec{E}$, le champ magnétique $\vec{B}$. Attention, ne pas oublier la flèche au dessus quand il s'agit du vecteur. C'est ce qui fait la différence avec l'intensité. On écrira donc F = 5 N ; E = 500 V.m^{-1}, B = 0,1 T. Donc pas de flèche quand il s'agit de l'intensité.

L'élongation d'un point animé d'un mouvement vibratoire est souvent représentée par un vecteur.

Addition de vecteurs.

On peut additionner deux vecteurs, et le résultat est un vecteur. La construction graphique permet de trouver le point d'application, la direction et le sens de la résultante. Pour la norme, on peut utiliser les formules ou la construction graphique. Dans certains cas particuliers les règles de la géométrie et de la trigonométrie facilitent les calculs.

Il y a deux façons d'additionner les vecteurs :

Méthode 1. On ramène les deux vecteurs en un seul point, et on construit un parallélogramme dont la diagonale qui part de l'origine commune des deux vecteurs est la résultante recherchée.

Méthode 2. On construit le deuxième vecteur à partir du sommet du premier et puis on obtient le vecteur résultant en allant de l'origine du premier vecteur au sommet du dernier.

Cette deuxième méthode est indiquée quand on a plus de deux vecteurs à additionner.

La figure ci-dessous montre comment procéder.

Pour la soustraction, on additionne quand même : $\vec{V'} = \vec{V_1} - \vec{V_2} = \vec{V_1} + (-\vec{V_2})$.

N.B. Pour bien garder la direction des vecteurs, mesurer les angles que font ces vecteurs avec l'horizontale.

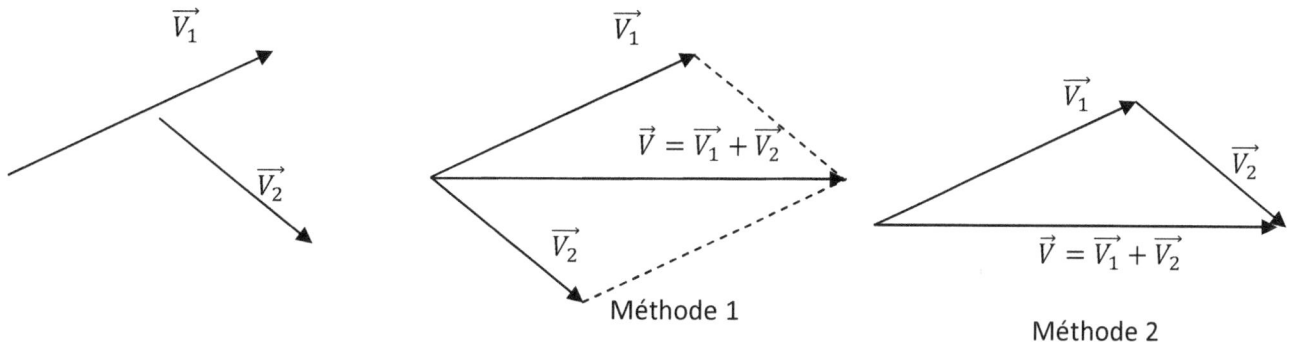

Addition de trois vecteurs.

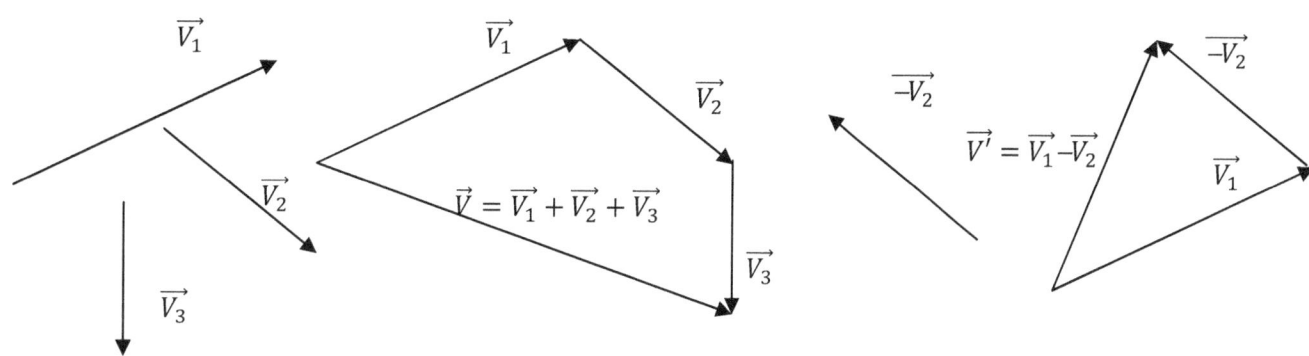

La norme V de la somme de ceux vecteurs $\vec{V_1}$ et $\vec{V_2}$ faisant entre eux un angle θ est donnée par la formule $V=\sqrt{V_1^2+V_2^2+2V_1.V_2.\cos\theta}$.

Cas particuliers :

θ = 0° : les deux vecteurs on la même direction et le même sens. C'est le seul cas où la l'intensité de la somme est égal à la somme des intensités. $V=V_1+V_2$

θ = 180° : les deux vecteurs on la même direction mais sont de sens opposés. C'est le cas par exemple du « tire – tire », quand une même corde est tirée par deux groupes de personnes, chaque groupe tirant en cherchant à faire avancer vers lui le groupe adversaire qui s'y oppose. L'intensité de la somme est égale à la différence des intensité : $V=|V_1-V_2|$. On prend la valeur absolue de la différence pour être sûr que le résultat sera toujours positif.

θ = 90° : les deux vecteurs font un angle de 90°. On applique le **théorème de Pythagore**. $V=\sqrt{V_1^2+V_2^2}$

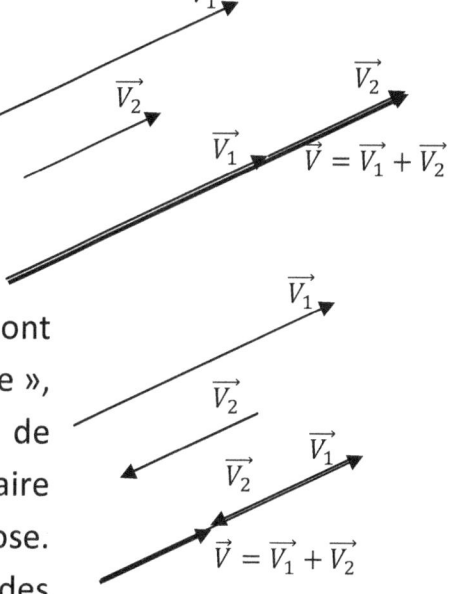

Dans les exercices d'autres cas particuliers peuvent se présenter.

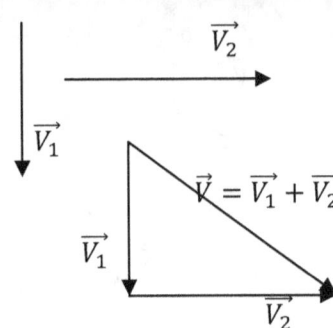

Méthode graphique. Pour appliquer cette méthode, on choisit une échelle pour représenter les vecteurs. Si par exemple a 3 forces d'intensités respectives F_1= 500 N, F_2 = 300 N, F_3 = 200 N, on choisit pour échelle 1 cm pour 100 N. On construit le vecteur résultant, et avec une règle, on mesure la longueur du vecteur obtenu et on la convertit en N. Cette méthode permet de confirmer les résultats obtenus par les calculs ; on s'assure ainsi que l'on ne s'est pas trompé.

Le dynamique des forces.

Le **dynamique des forces** permet simplifier les problèmes. Dans le cas d'une petite boule aimantée de masse m suspendue à un fil et attirée par un aimant, et qui est donc en équilibre sous l'action de trois forces qui sont : son poids $\vec{P}$, la tension $\vec{T}$ du fil et la force magnétique $\vec{F}$ de l'aimant, on a les schémas suivant :

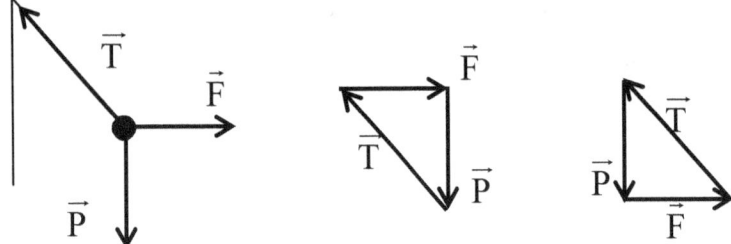

Avec la première figure à gauche, on est obligé de procéder à la projection des forces sur un système d'axes pour traiter l'exercice. Alors que avec l'un des deux schémas de droite, les relations entre les intensités des forces apparaissent immédiatement.

Dans le type d'exercices ci-dessous, avec un dynamique des forces on trouve facilement l'intensité des tensions supposées égales.

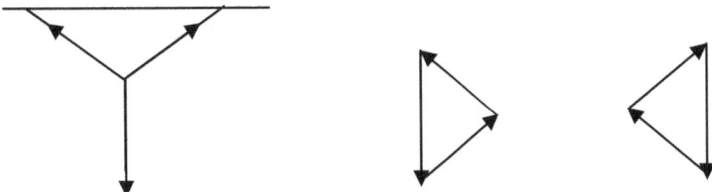

Décomposition (projection sur des axes) d'un vecteur ; c'est l'opération inverse de l'addition.

Le vecteur $\vec{V}$ peut être décomposé dans un repère $(O, \vec{i}, \vec{j})$: cela donne $\vec{V} = \vec{V_x} + \vec{V_y} = V_x\vec{i} + V_y\vec{j}$.

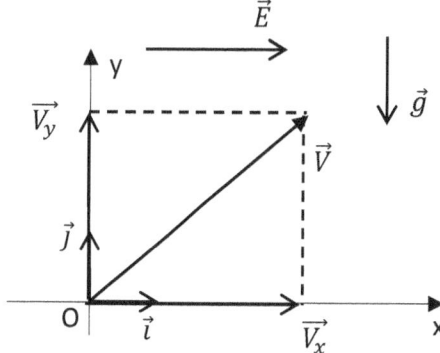

V_x et V_y sont des grandeurs algébriques ; elles sont les composantes du vecteur $\vec{V}$ dans le repère $(O, \vec{i}, \vec{j})$. Leurs valeurs absolues sont les normes des vecteurs $\vec{V_x}$ et $\vec{V_y}$.

Le vecteur $\vec{E}$ parallèle à l'axe (Ox) n'a qu'une seule composante dans ce repère. On écrira alors $\vec{E} = E\vec{i}$.

Le vecteur $\vec{g}$ est parallèle à l'axe (Oy), mais l'axe Oy va du bas vers le haut, alors que ce vecteur va du haut vers le bas, (sens contraires) alors $\vec{g} = -g\vec{i}$.

Apprendre à bien décomposer est important en physique et intervient dans les exercices sur le plan incliné, les lois de Newton, les mouvements des projectiles dans les champs de pesanteur, les mouvements des particules dans les champs électrique et magnétique.

NB. Bien faire attention à l'orientation des axes qui peuvent changer d'un exercice à l'autre ;

En plus de l'addition, les vecteurs peuvent se prêter à deux types de multiplication : le produit scalaire et le produit vectoriel.

Le produit scalaire.

Le produit de deux vecteurs est dit scalaire quand le résultat de l'opération est une grandeur scalaire, c'est-à-dire un seul nombre. Le produit scalaire de deux vecteurs est nul quand les deux vecteurs sont perpendiculaires. Le produit scalaire des deux vecteurs $\vec{V_1}$, $\vec{V_2}$ qui font entre eux un angle θ s'écrit : $\vec{V_1} \cdot \vec{V_2} = V_1 \cdot V_2 \cos\theta$. Si le produit scalaire de deux vecteurs est nul, alors ces deux vecteurs sont perpendiculaires.

Grandeur scalaire, grandeur vectorielle.

Une grandeur est dite **scalaire,** par opposition à grandeur **vectorielle**, quand elle peut être définie par un seul nombre.

Le produit vectoriel.

Le produit de deux vecteurs est dit **vectoriel** quand le résultat de l'opération est un vecteur.

Caractéristiques du produit vectoriel.

<u>Direction</u> : perpendiculaire au plan formé par les deux vecteurs $\vec{V_1}$, $\vec{V_2}$.

<u>Sens :</u> il est tel que le trièdre $(\vec{V_1}, \vec{V_2}, \vec{V})$ *pris dans cet ordre* est direct.

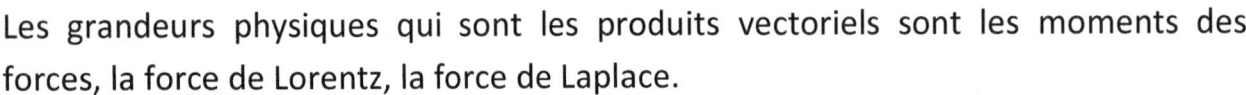

Intensité : $V = V_1 \cdot V_2 \sin\theta$.

Cas particuliers :

Si l'angle entre les deux vecteurs est nul, donc quand ils sont parallèles, V = 0.

Si $\theta = 90°$, alors $V = V_1 \cdot V_2$.

Les grandeurs physiques qui sont les produits vectoriels sont les moments des forces, la force de Lorentz, la force de Laplace.

La tangente à une courbe.

C'est une droite qui touche la courbe en un seul point. On dit qu'elle est tangente à la courbe au point considéré. Le vecteur vitesse d'un mobile est tangent à la trajectoire de ce mobile.

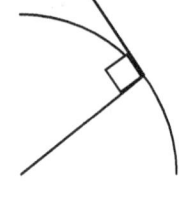

La droite qui passe par le centre de la trajectoire et le point considéré est normal à la tangente. Cette propriété intervient dans l'étude du mouvement des particules chargées dans un champ magnétique.

Les angles.

Un angle est une figure formée par deux demi droites ayant une même origine. Un angle s'exprime en degrés, en radians ou en grades ; c'est une grandeur algébrique : il peut donc être positif ou négatif. Il est positif quand on le parcourt en

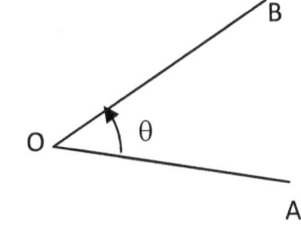

faisant tourner le segment [OA] dans le plan contenant les deux demi-droites formant l'angle, autour du point O, dans **le sens trigonométrique**, qui est le sens inverse à celui de rotation des aiguilles d'une montre. Un angle se mesure avec un rapporteur. En physique on utilise généralement les lettres de l'alphabet grecque pour désigner les angles, ce qui allège

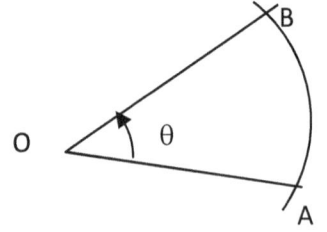

et facilite les choses. L'angle $\widehat{AOB} = \theta$. O, le point d'intersection des deux segments qui forment l'angle est le sommet de l'angle.

Si s est la longueur de l'arc de cercle AB intercepté par l'angle θ, alors on a la relation $s = R.\theta$, où R est le rayon de du cercle dont l'arc AB est une partie. Dans cette relation, s et r s'expriment en mètres, et l'angle en radians. La dérivé de cette relation s'écrit : $\frac{ds}{dt} = v = R.\frac{d\theta}{dt} = R\omega$. Nous obtenons la relation entre la vitesse linéaire v, en m.s^{-1} et la vitesse angulaire ω, en rad.s^{-1}.

Quand l'angle $\theta = 2\pi$, la relation $s = R.\theta$ devient $S = 2\pi R$; c'est la circonférence d'un cercle de rayon R.

Angle aigu : un angle est dit aigu quand sa mesure est comprise entre 0 et 90°.

Angle obtus : un angle est dit obtus quand sa mesure est comprise entre 90° et 180°.

Angles particuliers : il y a l'angle droit qui est égal à 90°, et l'angle plat qui est égal à 180°. Deux vecteurs qui forment un plat sont dits opposés.

La bissectrice d'un angle : la bissectrice d'un angle est une droite qui divise ledit angle en deux parties d'égale mesure.

angles alternes internes : (α_4, β_2) ; (α_3, β_1)
angles alternes externes : (α_1, β_3) ; (α_2, β_4)
angles correspondants : (α_1, β_1) ; (α_2, β_2) ; (α_3, β_3) ; (α_4, β_4)
angles opposés : (α_1, α_3) ; (α_2, α_4) ; (β_4, β_2) ; (β_1, β_3)
les couples ci-dessus sont formés d'angles égaux.

Angles supplémentaires.

ce sont les angles dont la somme est 180°. (α_1, α_2) ; (α_3, α_4) ; (β_1, β_2) ; (β_3, β_4). En poussant la réflexion, on peut trouver d'autres angles supplémentaires peu évidents ; par exemple; (α_1, β_2) ; (α_2, β_1) , etc.

Angles complémentaires.

Les angles sont dits complémentaires quand leur somme est égale à 90°

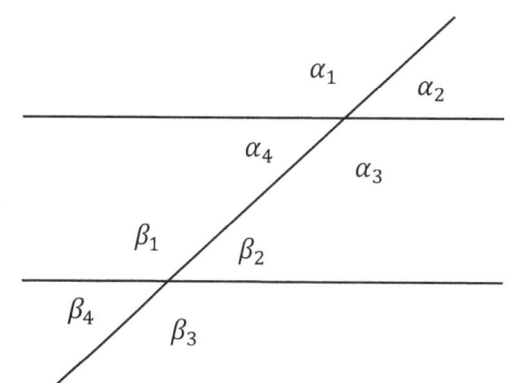

Les angles à côtés parallèles sont égaux,
Les angles à côtés perpendiculaires sont égaux. Dans le schéma du plan incliné, l'angle α est égal à l'angle β parce que ce sont deux angles à côté perpendiculaires.

Les triangles.

Un triangle est une figure géométrique à trois côtés. Les trois côtés forment trois angles. Dans les exercices de statique à trois forces, le dynamique des forces forme généralement un triangle.

La somme des angles dans un triangle est égale à 180°

Triangles particuliers

On peut citer :
- les triangles rectangles dont l'un des angles a pour mesure 90° ;
- triangles équilatéraux dont les trois côtés ont la même longueur, et tous les trois angles ont la même mesure qui est de 60° ;
- les triangles isocèles qui ont deux côtés égaux.

Hauteur d'un triangle : c'est la droite qui passe par un sommet et qui est perpendiculaire au côté opposé à ce sommet. **L'orthocentre** d'un triangle est le point de rencontre des 3 hauteurs de ce triangle. Dans un triangle rectangle, le côté opposé à l'angle droit est appelé hypoténuse.

Parmi les savoir faire utiles en physique, il y a le traçage à aide d'un compas et d'une règle, d'un triangle connaissant ses trois côtés, ou deux côtés et un angle.

 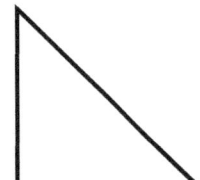 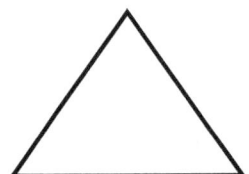 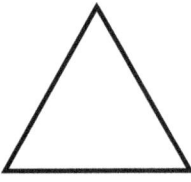

Triangle scalène   Triangle rectangle   Triangle isocèle   Triangle équilatéral

Polygones et polyèdres.

Les polygones.

En physique les polygones sont très utilisés dans la résolution des exercices.

Un polygone est une figure géométrique plane fermée, formée par la succession d'au moins trois segments appelés côtés. Le point commun à deux côtés successifs s'appelle sommet.

Le triangle est un polygone à trois côtés.

Avec quatre côtés on parle de quadrilatère, dont quelques cas particuliers méritent d'être mentionnés :

Le trapèze avec deux côtés non consécutifs parallèles ; dans un quadrilatère quelconque deux côtés non consécutifs ne sont pas parallèles ;

le parallélogramme, dont les côtés sont parallèles deux à deux ;

le losange qui est un parallélogramme dont les quatre côtés ont la même longueur et dont les diagonales se coupent en angle droit ;

le rectangle qui est un parallélogramme dont les côtés opposés sont égaux et forment un angle droit ;

le carré qui est comme un losange, mais avec quatre angles droits.

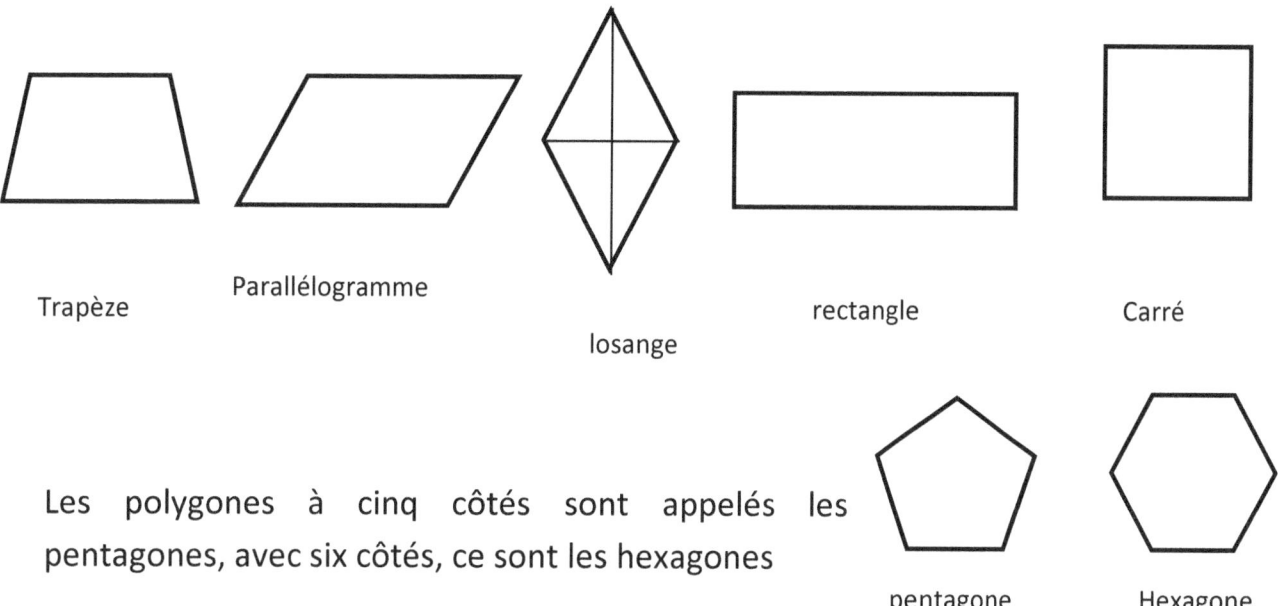

Les polygones à cinq côtés sont appelés les pentagones, avec six côtés, ce sont les hexagones

Les polyèdres.

Un polyèdre est un solide fermé limité par des surfaces planes à bords rectilignes. C'est aussi un solide limité par des polygones dont chacune constitue une face du polyèdre. L'intersection de deux faces adjacentes constitue l'arête du polyèdre. L'extrémité d'une arête quelconque est un sommet. Un polyèdre est régulier quand toutes ses faces sont des polygones réguliers et congruents, c'est-à-dire de même forme et congruent. Une pyramide est un exemple de polyèdre.

Polyèdres particuliers.

Un tétraèdre est polyèdre à quatre faces triangulaires. La pyramide à base rectangulaire est un polyèdre à cinq faces. Le cube est un polyèdre à six faces carrées. Un parallélépipède est un polyèdre à six faces parallèles deux à deux.

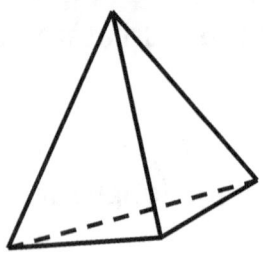 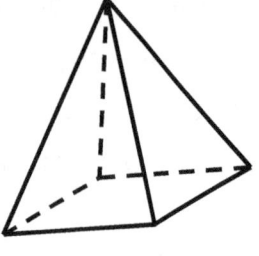 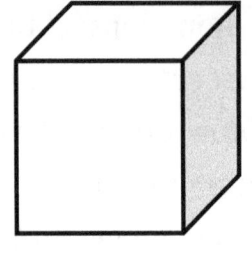 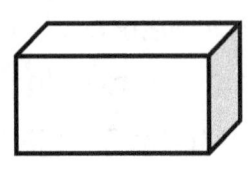

Un tétraèdre   Une pyramide   Un cube   Un parallélépipède rectangle

Un cône.

Un cône est une surface engendrée par le déplacement d'une droite, dont un point S est fixe, et qui s'appuie sur une courbe fermée située dans un plan ne contenant pas le point fixe S.

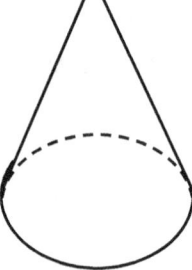

Un cylindre.

Un cylindre est un solide délimité par la surface formée par une droite qui se déplace parallèlement à elle même en s'appuyant sur une courbe, et deux plans parallèles.

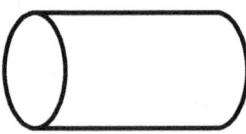

La symétrie.

La symétrie est la correspondance point par point entre deux figures telle que les points correspondants de l'une et de l'autre soient à égale distance de part et d'autre d'un point, d'un axe ou d'un plan. Les figures et les corps symétriques présentent un aspect harmonieux dû à la disposition régulière et équilibrée de leurs différentes parties. On dit qu'un système présente une symétrie lorsqu'il demeure inchangé lors des rotations ou des translations dans l'espace.

Le barycentre.

On appelle barycentre des points A_1, A_2, A_3, ...A_n, affectés respectivement des coefficients a_1, a_2, a_3, ...a_n, le point G défini par la relation $a_1\overrightarrow{A_1G} + a_2\overrightarrow{A_2G} + a_3\overrightarrow{A_3G} + ... + a_n\overrightarrow{A_nG} = \vec{0}$. Le barycentre peut être repéré par rapport à une origine O, et en utilisant la relation de Chasles, on obtient la relation suivante :

$$\overrightarrow{OG} = \frac{a_1\overrightarrow{OA_1} + a_2\overrightarrow{OA_2} + a_3\overrightarrow{OA_3} + ... + a_n\overrightarrow{OA_n}}{a_1 + a_2 + a_3 + \cdots + a_n}$$

Le barycentre correspond au centre de gravité des corps en physique. Les coefficients sont les masses de corps étudiés.

Les aires et les volumes.

sphère	Triangle de base b et de hauteur h	trapèze	parallélogramme	Carré de côté s	Cercle de rayon r
$A = 4\pi r^2$	$A = \dfrac{1}{2}bh$	$A = \dfrac{1}{2}(B+b)h$	$A = bh$	$A = s^2$	$A = \pi r^2$

	Cube d'arête s	parallélépipède	cylindre	Sphère	
	$V = s^3$	V = LxIxh	$V = \pi r^2 h$	$V = \dfrac{4}{3}\pi r^3$	

Conversion des unités d'aires et de volumes.

Il vaut mieux utiliser les puissances comme indiqué dans le tableau ci – dessous.

	USI	déci	centi	milli
Longueur = l	1 m	1 dm = 10^{-1} m	1 cm = 10^{-2} m	1 mm = 10^{-3} mm
Aire = lxl = l^2	1 m^2	1 dm^2 = $(10^{-1})^2$ = 10^{-2} m^2	1 cm^2 = $(10^{-2})^2$ = 10^{-4} m^2	1 mm^2 = $(10^{-3})^2$ = 10^{-6} m^3
Volume = lxlxl = l^3	1 m^3	1 dm^3 = $(10^{-1})^3$ = 10^{-3} m^3 = 1 litre	1 cm^3 = $(10^{-2})^3$ = 10^{-6} m^3 = 1 millilitre (ml)	1 mm^3 = $(10^{-3})^3$ = 10^{-9} m^3

N.B. 1 litre = 1 dm^3 et 1ml = 1 cm^3.

Multiples

Préfixes	kilo	Mega	Giga	Téra
Puissances de 10	10^3	10^6	10^9	10^{12}

Sous multiples

Préfixes	milli	micro	nano	pico
Puissances de 10	10^{-3}	10^{-6}	10^{-9}	10^{-12}

Instruments de géométrie indispensables en physique.

En parcourant cet ouvrage, on remarque la portion importante occupée par la géométrie ; il est question de droites, de vecteurs, d'angles, de triangle, de projection sur les axes, etc. Pour mener à bien ces activités, des instruments sont nécessaires. Et cela aussi bien pendant la leçon, pendant l'étude, quand on traite les exercices, que ce soit à la maison, pendant les devoirs ou en salle d'examen. Un bon élève qui veut réussir en physique a besoin d'avoir ces instruments par devers lui à chaque instant. Le fait pour un élève de ne pas les posséder pose un sérieux problème ; comment procède-t-il alors ? Il peut soit les emprunter chez son camarade qui en a : ce qui les retarde tous les deux dans la prise de notes ; c'est de la mauvaise solidarité ; il peut utiliser pour tracer un autre stylo, ou pire, tracer à main levée ; c'est un problème sérieux. C'est donc une erreur d'aller à une leçon de physique sans ses instruments de dessin.

Les instruments ci-dessous doivent être les compagnons inséparables d'un élève qui veut réussir en physique :

- **un crayon** ;
- **une gomme** ;
- **une règle graduée**, pour tracer les lignes bien droites et mesurer leur longueur.
- **Un compas** pour les arcs de cercle et les cercles ; le compas sert aussi à tracer les médiatrices des segments et les bissectrice des angles, les triangles dont on connaît la longueur des côtés, etc.
- **un rapporteur** pour déterminer la mesure des angles ;
- **une équerre** pour les droites parallèles, perpendiculaires et les angles droits ;

20 conseils pour bien aborder les épreuves de Physique et de Chimie à l'examen

1. Se munir d'une bonne calculatrice, acquise au plus tard un mois avant l'examen, afin de s'y habituer, d'en maîtriser le fonctionnement ;
2. Se munir du matériel de dessin (règle, équerres, compas, rapporteur, crayon, gomme, etc....)
3. Avoir une montre pour bien gérer le temps alloué ;
4. Lire entièrement l'épreuve au début; cela vous permet de classer les exercices en fonction de leur difficulté apparente, du plus facile au plus difficile, et puis commencer naturellement par le plus facile.
5. Attention à la présentation de votre copie : en effet vous n'avez pas intérêt à énerver le correcteur par une copie mal présentée, avec des ratures, des réponses littérales et numériques non encadrées, ou encadrées à la hâte ; soignez-la, encadrez les réponses littérales et numériques avec soin.
6. Le mot « exo » n'existe pas encore dans le dictionnaire; éviter donc de l'utiliser.
7. Les unités : ne pas oublier d'accompagner vos réponses numériques des unités correspondantes ; ce sont les unités qui distinguent les Mathématiques des Sciences Physiques en général ; ce sont elles qui traduisent le caractère concret et matériel des Sciences Physiques, par opposition au caractère abstrait des mathématiques.
8. Si vous êtes libre de commencer par l'exercice qui vous inspire, il vous est déconseillé de traiter les questions d'un exercice choisi dans le désordre.
9. Si vous êtes bloqué alors que vous n'avez pas achevé l'exercice que vous traitiez, prévoyez un espace sur lequel vous pourrez revenir traiter la question difficile, avant de commencer le prochain exercice.
10. Allouer à chaque exercice une durée en fonction de l'impression que vous aura laissé la première lecture. Un exemple de découpage :

Activité	Epreuve de 2 h (120 min)	Epreuve de 3 h (180 min)	Epreuve de 4 h (240 min)
Lecture intégrale de l'épreuve	15 min	20 min	30 min
Division du temps	5 min	5 min	5 min
Traitement des exercices	Environ 21 min par exercice (4)	Environ 34 min par exercice (4)	35 min par exercice (5)

Relecture copie entière	15 min.	20 min.	30 min.

Cette division du temps réservé au traitement par le nombre d'exercices suppose que le nombre total de points de l'épreuve a été divisé par le nombre d'exercices. Il peut arriver que certains exercices comportent plus de points que d'autres ; dans ce cas, diviser le temps réservé au traitement des exercices par le nombre total de points de l'épreuve, et ensuite multiplier le résultat, qui est la valeur temporelle d'un point, par le nombre de points de chaque exercice. Cela permettra de trouver le temps à allouer à chaque exercice. Par exemple une épreuve de 2h notée sur 20 points comporte un exercice sur 3 points, un exercice sur 6 points, un exercice sur 4 points et un autre sur 7 points, soit 4 exercices : on divisera le temps réservé au traitement des exercices, soit 85 minutes par 20, ce qui donne comme valeur *temporelle d'un point*, 4,25. L'exercice sur 3 points sera traité pendant 3 x 4,25 =12,75 minutes ; l'exercice de 7 points sera traité pendant 7 x 4,25 = 29,75 minutes, et ainsi de suite.

Ne pas passer à l'exercice suivant tant que vous n'avez pas épuisé le temps imparti à l'exercice que vous traitez. Dès que vous avez épuisé le temps consacré à un exercice, passez au suivant, même si vous n'avez pas fini. Un exercice qui vous a semblé difficile à la première lecture peut s'avérer plus facile que vous ne le croyiez, et vice versa. Cette méthode vous évitera de perdre du temps sur des exercices trop difficiles, et de traiter à coup sûr ceux qui sont à votre portée.

11. Ne jamais remettre votre copie avant d'avoir épuisé le temps qui vous est imparti. Le tableau suivant vous rappelle les durées des épreuves suivant les séries.

	P A	PC	PD	TC	TD
Physique	1h	2 h	2 h	4 h	3 h
Chimie		2 h	2 h	3 h	3h

Si vous procédez comme indiqué ci – dessus, vous risquez plutôt d'être surpris par la fin de l'épreuve. Ne vous laissez pas impressionner par ceux qui sortent vite ; bien souvent ce sont des aventuriers et autres cancres pour qui faire l'examen est devenu une profession. Certains prétendent qu'ils ne savent pas quoi écrire : bien souvent il arrive qu'ils soient inspirés quand ils ont déjà remis leurs copies, c'est-à-dire quand il est trop tard. Vous ne pouvez pas passer neuf mois à préparer un examen et vous payer le luxe de sortir avant la fin d'une épreuve, sans l'avoir traitée entièrement, alors que rien ne vous y oblige.

12. Lire attentivement chaque exercice avant de le traiter ; en effet cela pourrait ressembler à un exercice que vous avez déjà traité, avec des différences.
13. Certains exercices de physique (électricité, mécanique, optique, etc....) nécessitent un schéma ; le faire, même quand ce n'est pas expressément demandé.
14. Ne pas confondre vitesse et précipitation. Il vaut mieux traiter une partie de l'épreuve avec attention, concentration et application, plutôt que la traiter entièrement avec empressement et tout ce que cela comporte comme oublis, erreurs, ratures, etc....
15. Eviter de parachuter les réponses, qu'elles soient littérales ou numériques : cela ne correspond pas à l'esprit des sciences physiques : en effet toute réponse doit découler d'un raisonnement convaincant par sa rigueur.
16. Apprécier la vraisemblance de votre réponse numérique. Des élèves à qui on demandait l'arête d'un cube de glace contenu dans un verre à boire, ont trouvé 3 mètres comme réponse numérique; un peu de bon sens leur aurait évité une telle absurdité.
17. Quand c'est possible, vérifier vos calculs ; s'il existe plusieurs méthodes pour parvenir au même résultat refaites le calcul par une deuxième méthode. Si cela peut se faire graphiquement, ne pas hésiter.
18. Eviter de donner des réponses numériques sous forme de fraction, avec des racines, des logarithmes ou des exponentielles.
19. Utiliser les notations de l'énoncé. Si c'est nécessaire d'en introduire de nouvelles, les définir.
20. Ne pas oublier que vous ne rencontrerez jamais le correcteur de votre copie pour lui expliquer de vive voix ce que vous vouliez dire ou écrire; exprimez donc votre idée sur votre copie avec clarté, précision et concision.

QUE LA GRACE DU SEIGNEUR VOUS ACCOMPAGNE

Table des matières

Avant propos 3

I - ALGEBRE 4

   Grandeur algébrique, grandeur arithmétique 4

   Les puissances 4

   Les polynômes 4

      La factorisation 4

   Les équations 4

      Equation du premier degré 5

      Systèmes d'équations 5

      Equation du second degré 5

   Equations différentielles 5

II - ANALYSE 6

   Les fonctions 6

      Dérivés du premier et du second ordre 6

      Intégration 7

   Interprétation et exploitation d'une courbe 8

   Les paraboles 9

   Les sinusoïdes 9

III. TRIGONOMETRIE 10

IV. GEOMETRIE 11

   Les droites 11

   Les vecteurs 11

      Addition de vecteurs 12

      Le dynamique des forces 14

      Décomposition (projection sur des axes) d'un vecteur ; 15

      Le produit scalaire 15

      Grandeur scalaire, grandeur vectorielle 15

      Le produit vectoriel 15

   La tangente à une courbe 16

   Les angles 16

      Angles supplémentaires 17

      Angles complémentaires 17

   Les triangles 18

- Polygones et polyèdres. 18
  - Les polygones. 18
  - Les polyèdres. 19
- La symétrie. 20
- Le barycentre. 20
- Les aires et les volumes. 21
- Conversion des unités d'aires et de volumes. 21
- Instruments de géométrie indispensables en physique. 21

20 conseils pour bien aborder les épreuves de Physique 23

et de Chimie à l'examen 23

QUE LA GRACE DU SEIGNEUR VOUS ACCOMPAGNE 25